我喜爱的数学绘本

艾玛和柯比的牛群

——认识奇数和偶数

（美）特鲁迪·哈雷斯/著　（美）卢塞勒·朱里安/绘

长春出版社
国家一级出版社
全国百佳图书出版单位

吉图字 07-2014-4319 号

Math is Fun! Splitting the Herd: Text copyright ©️ 2008 by Trudy Harris,
Illustrations copyright ©️ 2008 by Russell Julian

图书在版编目（CIP）数据

我喜爱的数学绘本. 艾玛和柯比的牛群 /（美）特鲁
迪·哈雷斯著;（美）卢塞勒·朱里安绘;刘洋译. --
长春:长春出版社, 2021.1
　书名原文:Math is Fun!splitting the herd
　ISBN 978-7-5445-6214-0

　Ⅰ.①我… Ⅱ.①特… ②卢… ③刘… Ⅲ.①数学 -
儿童读物 Ⅳ.① O1-49

中国版本图书馆 CIP 数据核字 (2020) 第 240760 号

我喜爱的数学绘本·艾玛和柯比的牛群
WO XI'AI DE SHUXUE HUIBEN · AIMA HE KEBI DE NIUQUN

著　者：	特鲁迪·哈雷斯	绘　者：	卢塞勒·朱里安
译　者：	刘 洋		
责任编辑：	高 静 闫 言		
封面设计：	宁荣刚		

出版发行： 长春出版社	总编室电话： 0431-88563443
	发行部电话： 0431-88561180
地　址： 吉林省长春市长春大街 309 号	
邮　编： 130041	
网　址： http://www.cccbs.net	
制　版： 长春出版社美术设计制作中心	
印　刷： 长春天行健印刷有限公司	

开　本： 12 开	
字　数： 33 千字	
印　张： 2.67	
版　次： 2021 年 1 月第 1 版	
印　次： 2021 年 1 月第 1 次印刷	
定　价： 20.00 元	

艾玛小姐牧场的牛群管理遇到了一个问题。
她的牛儿们总是精力旺盛，到处闲逛，
还经常想要冲出围栏。

它们才不在乎那些围栏，
牛舍对它们来说根本没用。
这些不听话、故意刁难人的小动物们，
总是胡作非为。

更糟糕的是，
每次这些牛儿从围栏中冲出来，
都会一口气跑到牛仔柯比的牧场，
大口大口地吃着柯比家的干草。

"我看见一群红毛小怪鬼鬼祟祟地
从你的牧场里偷跑过来了。"
牛仔柯比对艾玛说，
"但是这并不难解决。"

"现在我的牧场里共有20头牛儿，
所以，我来告诉你怎么做：
每头牛儿长得都差不多，
那么，我们可以先将它们分成两群。"

5

"数1，2，3，4……
让牛儿们排成一队。
偶数的牛儿是你的，
剩下奇数的牛儿是我的。
每人10头牛儿，就能顺利地分出来啦。"

1, 2, 3, 4, 5, 6, 7, 8, 9, 10,

11, 12, 13, 14, 15, 16, 17, 18, 19, 20

他们似乎把问题解决了。

艾玛带着她的牛群回家啦。

但是第二天早晨，

出人意料的是，

又有2头牛儿溜过去了。

"我的牧场里有12头牛儿。"
牛仔柯比对艾玛说，
"我知道怎样解决这个难题。"

"数1，2，3，4……
让牛儿们站成一排。
偶数的牛儿给你，
奇数的牛儿归我，
每人6头牛儿，就分好啦。"

1， 2， 3， 4， 5， 6，

柯比有点疑惑地挠挠头，
他说："上次就是这么分的，
这次也一定不会有错。"

"嗯……实际上"艾玛说，
"有2头牛儿在路上……"

"现在不要再担心啦。"柯比说，
"我的数学非常棒哦。"

7, 8, 9, 10, 11, 12

"我不想让你难过，
但是我觉得你可能出了点儿错。"
艾玛微笑着对柯比说，
"我们吃完蛋糕再讨论吧。"

他们讨论国家中发生的大事小情，
讨论春天开的花、月亮和星星，还有潮涨潮落。

他们吃完蛋糕之后，
又约好下次一起聚餐的时间。
他们甚至一次都没提到过牛儿的事情，
所以6头牛儿，到目前为止，还算好吧。

又到了早晨，牛儿们趾高气扬，
2头牛儿从艾玛的围栏门跑了过去。
它们奔向柯比家的那6头牛儿，
这下柯比有了8头牛儿。

"有8头牛儿在我这儿，

我们又有事要做啦。"

柯比自豪地对艾玛说：

"我们来把牛儿们分成两群吧。"

1, 2, 3, 4, 5, 6, 7, 8

"数1，2，3，4……
让牛儿们站成一排。
偶数的牛儿归你，
奇数的牛儿归我。
每人4头，绝对没有错。"

柯比抓了抓脑门儿，
艾玛对他说："似乎不太对劲儿。
我们还是吃完蛋糕再说吧，
来尝尝我做的蛋糕。"

17

他们读了罗伯特·弗罗斯特的诗集，
赞叹了诗歌优美的韵律，
却一点儿都没有提到牛群的事——
还不是时候。

时钟过了9点半，
　4头牛儿，到目前为止，还算
好吧。

那天半夜，在月光的照耀下，
事情就这样注定似的发生了。
2头可爱的牛儿爬出了围栏，
偷偷溜出艾玛家的牛舍。

"我这里有6头牛儿啦，
我要修修那个围栏。
但是首先……"他说，
"让我们把牛群分开，
因为这样最合理啦。"

"数1，2，3，4……
让牛儿们排成一队。
偶数的牛儿给你，
奇数的牛儿归我。
每人3头，就分好啦。"

1,   2,   3,   4,   5,   6

艾玛笑着对柯比说：

"有一点我要说明……"

柯比咧嘴笑着对艾玛说：

"我们吃完蛋糕再说吧。"

23

艾玛拿手的胡萝卜蛋糕真是非常非常美味。
直到夜晚他们才分手，
3头牛儿，到目前为止，一切都还好。

但是围栏还是需要修理，
远处的草长得更绿了。
2头任性的牛儿从艾玛的牧场跑了出来，
四处游荡。

"5头牛儿在我这儿，

　这次分配看起来会不那么公平。

　我分3头，2头给你，

　我要多出1头啦。"

　柯比数啊数，数啊数，

　他反复想，尽可能地想弄明白。

　虽然很明显事情有些不对劲儿，

　但是柯比就是不知道哪儿错了。

最后，艾玛摇了摇头。

她苦笑着说：

"现在，我必须告诉你了。"

她看着柯比的眼睛。

"这样分牛群不对，"艾玛说，

"一直都是错的，

我应该早点儿告诉你的，

拖得太久了。"

柯比突然变得很紧张。

他的声音都颤抖了，说：

"我也早就打算告诉你一件事。"

然后，他在艾玛耳边悄悄地说了几句。

"啊！太棒了，你已经把问题解决啦！"

艾玛高兴地大叫，然后跑去准备面包粉和糖，她要做一个非常特别的大蛋糕。

从此他们快乐地生活在一起，
牛儿们也和他们一样一起生活，
牛儿们再也没有被分开过——
实际上，它们越来越多啦！

牛仔柯比说，有些数字是"偶数"，有些则是"奇数"。你能说出它们的不同之处吗？

画一头欢蹦乱跳的牛儿，让它从数字线的一头开始，每隔一个数字一跳。它跳过的数字就是奇数，比如1，3，5和7，踩到的数字就是偶数，比如2，4，6和8。

1, 2, 3, 4, 5, 6, 7, 8, 9, 10, 11, 12, 13, 14, 15, 16, 17, 18, 19, 20

牛儿是怎样从2蹦到4的呢？啊，原来它跳过了数字3。而从4蹦到6，它又跳过了数字5。

当我们跳着数，每隔一个数字一数，并且是从偶数开始，我们就只能数到偶数。（如果我们从奇数开始数，也是跳着每隔一个数字一数，那么我们只能数到奇数。）看下面的数字，你知道在它们后面的应该是数字几吗？你知道哪些数字被跳过去了吗？2，4，6，8，___

如果你数某件物品，是以一个偶数结尾，那么有一半的数字就是奇数，另一半的数字就是偶数。例如，如果你数到4，那么你会数到2个奇数（也就是1和3）和2个偶数（也就是2和4）。如果你数到10，那就会有5个奇数（1，3，5，7，9），还有5个偶数（2，4，6，8，10）。

当艾玛的牛儿们跑到牛仔柯比的牧场时，他知道可以将牛儿们平均地分成两群，给艾玛偶数的牛儿，自己留下奇数的牛儿。那么为什么他分到的牛儿越来越少了呢？你觉得是不是他忘了那些没有跑出来的牛儿呢？